真假大對決

聰明人的腦袋比較大？

拆解之謎！

保羅‧梅森　著
艾倫‧歐文　圖

新雅文化事業有限公司
www.sunya.com.hk

U0099861

目錄

先看看這裏！

　　人體──我們每個人都有，但是我們有多了解身體是怎樣運作的呢？如果你在網上瀏覽資料，或者閱讀那些別人轉寄過來的訊息，你會發現各樣有趣的事實：

笑聲是最好的藥。

廁所板比電腦鍵盤還要乾淨。

你體內的鐵質，足夠造出一根8厘米長的釘子。

人們平均每天放屁14次──如果吃了豆類會放得更多。

然而，這些說法是否真實？在這本書裏，我們將會調查一些關於人體最古怪、最奇特、最令人意想不到的傳聞。

有些問題是很有用的：

⭐ 蚊子真的會選某些人來叮，但又不會叮另一些人？
   如果是，為什麼會這樣的呢？

⭐ 每吸一枝煙，會減去人壽命裏的多少時間？

不過，坦白說，有些問題其實不是那麼實用的，可能看完笑一笑就忘記它了。可是，誰懂得回答這樣的問題？例如你能在清醒的情況下做腦部手術嗎？吸煙會引致掉牙嗎？巧克力真的會讓人長暗瘡嗎？

你還能發現一些你從來不知道的關於人體的事情，有些是奇怪的、詭異的，也有些看似平淡無奇但你又不知道當中秘密的。就好像：

⭐ 為什麼糞便是棕色的？

⭐ 為何年長的人耳朵比較大？

⭐ 難聞的口氣是怎樣來的？

本書有54道「真假大對決」問題 ⬜ 先列出一些常見說法，然後加以分析或說明，最後你便會知道，哪些是 純屬傳聞 ，哪些是 真有其事 ，還有哪些是「半真半假」！

請繼續看下去！

你可能聽過這樣的說法……

你體內的鐵質，足夠造出一根釘子？

如果你曾經不小心切到手指，並舔過流出來的血，你會知道血的味道是帶一點點鐵鏽味的。但你肯定這只是巧合嗎？我們在大廈、汽車和機械裏可以找到鐵——人體裏應該沒有吧！

★ 事實上……

你的血液裏的確含有鐵質。鐵質主要用來製造紅血球裏的血紅素，血紅素負責運送氧氣到身體各部分。

如果可以將體內所有的鐵質都吸出來，這些鐵質足以造出一根挺大的釘子，大約8厘米長。如果體內缺乏了鐵質，你會感到頭暈、疲倦、食慾不振、難集中精神等，好像病得非常嚴重，還可能有缺鐵性貧血。

結論：

真有其事

不敢相信!

關於<u>心臟</u>的震撼事實

你的心臟跳得很用力, 它可以將血液噴到10米遠!

你的心臟是很強而且有力的
肌肉。每次心臟跳
動,血液都會在動
脈裏快速流動。如
果你的心臟跳得很
快,而動脈裏有一
個小洞,那就像水
槍的噴嘴一樣,血
液可以噴到10米那
麼遠。

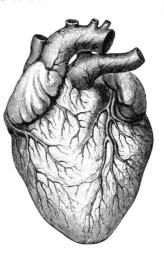

舌頭上不同的區域會嘗到不同的味道？

　　這個說法已經存在了很久（事實上是由1942年開始的）。據說舌頭上不同的部分能感受到不同的味道。例如，舌尖能嘗到甜味。難怪那些用舌尖舔來吃的食物，例如雪糕、太妃蘋果糖和棒棒糖，總是那麼受歡迎！

　　如果你找些舊的參考書來看，或者上網搜尋一下，也許能找到一幅「舌頭味覺圖」。它也叫做「味覺地圖」。這幅圖大概是說：舌尖能嘗到甜味，舌根能嘗到苦味，舌頭兩邊能嘗到酸味，而鹹味則是整條舌頭都能感受到。

右邊這幅「舌頭味覺圖」對不對呢？

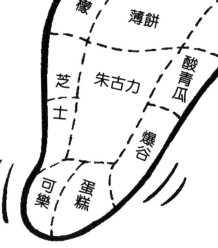

一位德國科學家最初於1901年提出，舌頭的不同部分能感受到不同的味道。後來，這理論演變成舌頭有某些部分在感受某些味道時特別靈敏。這是在1940年代，一位有趣的美國研究員埃德溫·波林（Edwin Boring）提出的説法。

★ 事實上……

基本的味道其實有5種：甜、酸、苦、鹹和鮮味（沒錯，就是鮮味——像是在肉類和番茄裏嘗到的味道）。你舌頭上的每個味蕾都能嘗到這5種味道。

嘩，這真鮮味！

事實是，舌頭上有些部位在感受某些味道時較為靈敏。（另一件有關味蕾的趣事，就是隨着年紀增長，味蕾會慢慢萎縮和消失。到你60歲的時候，約有一半的味蕾已經消失了！）

結論：

你的大腦可以亮起一個燈泡？

很明顯，這句話從字面上看是不成立的：你要把插頭插到哪裏取電？你的大腦沒有內置燈泡插座，它也沒有空間可以插一盞小枱燈。

可是你的身體真的有電流——將大腦的信息傳到身體其他部位，然後傳回大腦。不過——如果這電流足以亮起燈泡，我們不是會經常感受到被電擊嗎？

★ 事實上……

每當需要傳送信息，你的身體便會產生電流。由於大腦是身體的控制中心，所以大部分的電流都在大腦那裏產生，這些電流又叫做「腦波」。這裏產生的電流很多，如果可以在大腦安置插頭，還真的可以亮起燈泡。

這做法的唯一問題，就是如果電流用以亮起燈泡，便沒有電流用以控制身體各樣功能，你很快便會死。

結論： _____真有其事_____

不敢相信!

這裏還有3個關於<u>人腦</u>的有趣事實:

- 大腦傳送信息到身體其他部分,速度可達每小時275公里。

- 大腦在晚上比日間更活躍。當你晚上睡覺休息時,你的大腦仍然在工作。於是,你會有各式各樣精彩的夢境!

- 大腦沒有痛覺神經或疼痛感受器,它是感受不了痛楚的!(參見第54頁)

吃豆會令你放屁？

哔——

有一個流傳已久的説法，指吃了豆會令人放屁。很久以前有一部美國電影《閃亮的馬鞍》，有一幕講到一羣在牧場放牛、馬的「牛仔」，他們吃了豆之後不斷放屁！

在台灣，以前有一種街頭小吃叫做「放屁豆」，其實就是烤豌豆。「放屁豆」這個名字，除了因為吃豆容易放屁，也因為他們把豌豆放到炭火上烤，過程中豆子裂開發出「啵啵」的聲音，就像在放屁。

★ 事實上……

豆裏有一種特別的糖分，稱為「寡醣」或「低聚醣」。大部分食物都會在消化系統的第一階段被分解，例如在胃部，但這些寡醣卻不能。寡醣會進入消化系統的第二階段，就是腸道。腸道內的細菌非常喜歡「吃」寡醣。唯一的麻煩就是，這些細菌是產生屁的元兇，它們在分解食物時會產生氣體。所以，吃豆真的會令你更常放屁。

真有其事

結論：＿＿＿＿＿＿＿＿＿＿

14

不敢相信！

這裏有3個關於人體的驚人事實：

- 如果將肺部攤開平放，它的總面積大約等於1個網球場。

- 如果將肺部的微絲血管拉長並連接起來，它的總長度可達2,400公里。

- 如果將全身的血管連成一條線，它的總長度可達96,500公里，可以圍繞地球超過兩圈！

剃完再長出來的頭髮會更粗壯？
（還有其他關於頭髮的傳聞……）

我們會花很多時間在關注自己的頭髮……

「這髮型適合我嗎？」

「我應不應該剪劉海？」

「希望我的頭髮是金色/棕色/黑色/紅色的！」

因此關於頭髮的傳聞也有不少，以下是一些經常聽到的說法：

剃完再長出來的頭髮會更粗壯？

感覺上這個說法是對的，但事實是，剃了頭髮之後，頭髮從髮根開始長出來。而這裏的頭髮，比那些已經長了一段時間的頭髮尾端更粗。所以，剃完再長出來的頭髮好像更粗一些。不過，事實並非如此——一個月後，你會覺得跟沒有剃頭前一樣，分別不大。

過分頻繁洗頭，會令頭髮脫落？

每次洗完頭，排水的位置都會有很多頭髮積聚。啊！

一定是洗頭髮時使你的頭髮脫落了！

　　事實上，我們的頭髮常常都會脫落。無論你走到哪裏，你都是一邊走，一邊掉頭髮的。可是，新髮也常常在同一時間長出來——所以真的不需要擔心。

梳頭是對頭髮好的？

　　有人會教導女孩們，睡覺前要梳頭，可讓頭髮長得更好。也有人聽祖母說過：「睡前要梳頭髮100下。」

　　事實是，梳頭其實對頭髮不太好，特別是很用力地梳頭。這樣會導致那些還未預備好要脫落的頭髮提早脫落，也會導致頭髮折斷，甚至抓傷頭皮。

洗頭最後一次沖洗時，加點檸檬汁或醋，會令頭髮更閃亮？

　　這是真的。因為檸檬和醋裏的酸性物質會沖走肥皂留在頭髮上的粉狀物，或溶解洗頭水殘留的化學物質，所以頭髮就會更閃亮了。

從一個人的頭髮顏色，可以知道他的性格？

　　你可能聽說過，紅色頭髮的人脾氣暴躁；深色和頭髮較粗的人特別有活力；金色頭髮的人性格較柔弱。這些說法完全沒有證據證明是真的！

結論： 大部分是  純屬傳聞

略略略

驚人事實大揭秘!

嬰兒出生時就有牙齒?

每2,000個嬰兒裏面,有1個生來就有牙齒。如果那顆牙是膜狀的,它會漸漸被身體吸收掉。

孩子6歲左右開始換牙,乳齒脫落後,恆齒便在那個空位上長出來。可是,如果恆齒長不出來,就要做手術拔除。

你的頭髮會永遠存在？

英國倫敦的大英博物館有一頂來自古埃及的假髮。它的上層是鬈髮，下層有很多細小的辮子。這未必是現今最流行的髮型，但當時這種假髮確實是很受歡迎的。

這頂假髮有這些的驚人事實：

⭐ 它已有大約3,500年歷史。

⭐ 它用人類的頭髮製成。

在世界各地的墓穴裏，出現過比這頂假髮歷史更久遠的頭髮。所以説，過了很長時間之後，身體的其他部分都消失了，你的頭髮還會存在嗎？

⭐ 事實上……

人類的頭髮是不會腐朽的，除非你用火燒它。因為頭髮裏唯一有生命的部分，就是在你頭皮以下的一小部分，其餘都是死物。細菌會分解屍體的眾多部分，卻對頭髮一點興趣也沒有，於是只有頭髮能留下來了。

雖然頭髮可以保留幾千年，但它並不是無堅不摧的，所以……

結論： 純屬傳聞

斬頭之後，大腦仍然有意識？

在一些電視、電影裏面，可能會有斬頭的情節。你大概會認為斬頭之後，人就死了。然而，歷史上有不少例子，似乎有些人被斬頭之後，一段時間內都還未完全死去⋯⋯

1. 夏洛蒂・科黛 (Charlotte Corday，1768－1793)

夏洛蒂・科黛刺殺了紅極一時的法國大革命政論家馬拉（Jean-Paul Marat，1743－1793），最後在法國巴黎被處決。憤怒的改革者用他們的新玩具——斷頭台，斬下科黛的頭。據說劊子手在行刑後拾起她的頭，科黛雙眼盯着劊子手，並流露出一副極度憤怒的表情。

2. 安東萬・拉瓦澤 (Antoine Lavoisier，1743－1794)

法國改革者開始了使用斷頭台之後，越來越多人遭受斬頭的刑罰。到了1794年，他們開始對科學家下手，包括法國著名的化學家安東萬・拉瓦澤。這位化學家知道自己

將要死去，便吩咐他的助手，在他被斬頭後仔細觀察他的臉。原來拉瓦澤打算盡他所能，一直眨眼。他的助手數到15至20下的眨眼，拉瓦澤才完全失去意識。

3. 亨利・朗吉列 (Monsieur Henri Languille，？—1905)

罪犯朗吉列斬頭的時候，有一位醫生在旁見證。那位醫生留意到朗吉列被斬頭後，眼皮仍會跳動，嘴巴也在顫動。更恐怖的是，醫生呼喚他的名字時，朗吉列睜開了眼睛，甚至發生了兩次，直至朗吉列不再有反應。他可能是死了，或者不再回應陌生人的呼喚。

 事實上⋯⋯

現時大部分醫生都認為在死後的一段短時間內，肌肉仍然可能會動。然而，這並不是説，大腦在控制這些活動。大腦得不到血液和氧氣供應的話，便會開始死亡，而這個過程不超過2至3秒。

結論：

你的胃酸可以溶解金屬？

首先，千萬不要吞下任何類型的金屬來測試這個說法！

回到正題，理論上你的胃酸真的可以溶解金屬嗎？

★ 事實上……

胃酸有助分解食物，好讓身體可以吸收當中的營養。胃酸的強度的確足以溶解一個小小的金屬物件。那麼，為什麼你的胃酸沒有把你溶解掉？因為胃裏面有一層強勁的黏膜，可以防止胃酸腐蝕掉你的身體！

咕嘟！

砰！

結論：  真有其事 但千萬不要在家裏嘗試

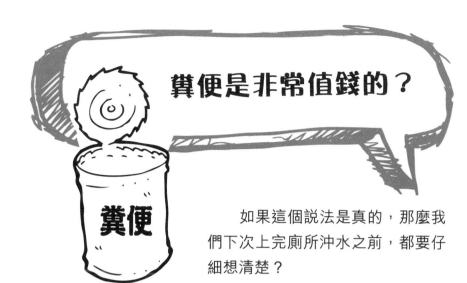

糞便是非常值錢的？

如果這個說法是真的，那麼我們下次上完廁所沖水之前，都要仔細想清楚？

★ **事實上……**

糞便可以是很值錢的。很久以前，有些「倒夜香」的人會把糞便收集起來當作肥料，幫助種植。（這工作真的很不簡單！）當然，如今已經沒什麼人這樣做了……但糞便仍然可以很值錢。

在1960年代，有位憤怒的意大利藝術家皮耶羅·曼佐尼（Piero Manzoni，1933－1963）舉辦了一個展覽，而展品是——他的糞便罐頭。（要將糞便放進罐頭裏——多麼的不簡單！）這展覽的目的，是想帶出藝術世界看起來有時真的很愚蠢。

更加出人意料的是，在2002年，倫敦一間著名的藝術廊付了22,300英鎊來買下他的一罐糞便，似乎證明了曼佐尼的做法是正確的。

結論： 很奇怪，但是……

真有其事

所有嬰兒的眼睛都是藍色的？

這說法似乎很明顯是錯的。看看你身邊的朋友，也看看不同國籍的人，你便會知道，大家眼睛的顏色都不一樣：有藍色、綠色、棕色、褐色——甚至紅色！話雖如此……你有看過他們嬰兒時期的模樣嗎？

 **事實上……**

眼睛裏虹膜的顏色取決於當中有多少黑色素，其實你的皮膚也有黑色素這種化學物質。當黑色素接觸到陽光，便會變得深色——這也是你會被太陽曬黑的原因。在眼睛裏，如果有很多黑色素，就會形成棕色，甚至是黑色的眼睛。黑色素較少，就會形成灰色、綠色或淺棕色的眼睛。藍色眼睛擁有最少的黑色素。

嬰兒剛出生時，眼裏的黑色素還未接觸到陽光，所以還未變得深色。在白色人種中，差不多所有嬰兒都有藍色的眼睛。不過，有一些例外的情況。患白化病的人，身體裏並沒有黑色素。有些人的眼睛終生都是紅色的。

結論： 接近事實，但仍然是

一個人可以吃50噸食物？

在某些國家，例如美國和日本，「大胃王」比賽是一種很受注目的活動。參賽者要在限時之內，比賽誰吃得最多某一種食物。一些比賽甚至設有獎金呢！

日本有一位「大胃王」紀錄保持者叫小林尊，曾6次勝出美國「納森吃熱狗比賽」（雖然他曾經在一次熱狗大賽中輸給一頭科迪亞克棕熊）。小林尊還是幾項「大胃王」比賽的世界紀錄保持者，包括：

★ 10分鐘內吃掉58條德國香腸（也就是58個熱狗）

★ 15分鐘內吃掉8公斤牛腦

★ 30分鐘內吃掉9公斤飯團

可是，即使是如此厲害的小林尊，也不可能吃下50噸食物吧？

★事實上……

他不能一口氣吃完。不過，假如以人的一生來計算，住在較發達國家或地區的人，平均每人一輩子可以吃掉大約50噸食物。

真有其事

結論：＿＿＿＿＿＿＿＿＿

一生之中，你會花一整年時間在馬桶上？

有人說人一生之中，平均會花6個月至3年的時間坐在馬桶上！

當然，我們每個人都需要上廁所（平均一天8次）。但是，這些每次都很短的如廁時間，加起來真的有一年這麼久嗎？

★ 事實上……

首先假設你會活到80歲。我們知道，1年有365日，但是每4年有1個閏年，閏年是有366日的，所以4年等於1,461日。這樣算下去，40年等於14,610日，80年等於29,220日。

現在來想想你每天花多少時間上廁所。每天8次，平均每次4分鐘，即1天有32分鐘。32 x 29,220（假設你活到80歲的日數）= 935,040分鐘在馬桶上。也就是等於：

★ 15,584小時

★ 649日

★ 1.78年——或者說，大約是一年九個半月。

結論： 純屬傳聞　事實是超過1年！

26

驚人事實大揭秘！

略略略

布里斯托糞便分類法

你可以用「布里斯托糞便分類法」來分析你的糞便：

最健康的糞便是3號和4號。

1號和2號表示你有點便秘。

5號、6號和7號表示你有點腸胃不適。

不敢相信！

這裏有3個關於身體量度的奇妙事實：

● 你的拇指跟鼻子一樣長。

● 張開你的雙臂，形成「一」字形，這時由你左手中指到右手中指的距離，剛好就是你的身高。

● 大部分人由頭到腳趾的高度，剛好是由頭頂到下巴的7.5倍。

電腦鍵盤比廁所板更骯髒？

想像一下，你坐在電腦前面吃東西，有些食物碎屑從你手中掉落到鍵盤上。這時你會怎樣做？大部分人會把它拾起來吃掉。

又想像一下，你坐在馬桶上吃零食。當然，在這裏吃零食是有點奇怪的，但也嘗試幻想一下吧！這時，一些食物碎屑掉到廁所板上，你應該不會拾起來吃掉。廁所板一定比電腦鍵盤骯髒得多，對不對？

★ 事實上……

美國亞利桑拿州大學的一項研究發現，電腦鍵盤上平均每6.45平方厘米就有三千多個細菌，而廁所板上平均每6.45平方厘米只有49個細菌。

這並不是鼓勵你吃掉落在廁所板上的食物，而是想強調：請不要吃掉落在鍵盤上的食物。

結論：

真有其事

吸煙會導致掉牙？

　　大部分人都知道吸煙危害健康。吸煙會導致肺癌和心臟病，還有其他健康問題。吸煙的人比沒有吸煙的人壽命平均短10年。這已經夠壞了——但吸煙的人還會比較容易掉牙嗎？

★ 事實上……

　　吸煙會減慢血液在身體流動的速度。在口腔裏面，牙齦接收到的血液少了，因此變得沒那麼健康。接着，你的牙齒就會更容易鬆脫。平均而言，吸煙的人掉牙的機會，比不吸煙的人高出兩倍。

　　血流量偏低的話，會導致血栓閉塞性脈管炎，因此吸煙的人隨着年齡增長，有更大機會需要截肢。

真有其事

結論：＿＿＿＿＿＿＿＿＿＿＿

可以用蛆蟲來清潔傷口？

咦——你在電影、電視裏看過這樣的嘔心情節嗎？一些有智慧的老醫師打開覆蓋着傷口的紗布，裏面有一堆蛆蟲在吃腐爛或壞死的肉，據説是在清潔傷口。

這也許是未有現代醫學技術之前的做法——但如今我們不再這樣做吧？

★ 事實上……

用蛆蟲來清除傷口的腐肉其實是很高明的做法。蛆蟲只會吃壞死的肉，不會吃活組織。只要這些蛆蟲本身是乾淨的，牠們不會傷害病人。就在你閱讀這段文字的時候，全球各地的醫院裏可能都有蛆蟲在清潔傷口。

結論： 真有其事

蚊子特別喜歡叮某些人？

在一個有蚊子的環境裏面，總是有些人被蚊子叮出一個個包，全身痕癢。如果你是那個被蚊子叮的人，你肯定聽過那些令人氣憤的回應：

「蚊子？什麼蚊子？沒有蚊子叮我啊！」

又香又甜又好味！

那麼，這純粹是幸運，還是真的是蚊子比較喜歡叮某些人？如果是這樣的話，你又可以做些什麼？

★ 事實上……

有些人確實會比較容易被蚊子叮，主要的原因是他們身上有種獨特的氣味。蚊子的觸角裏有很敏銳的「氣味偵察器」，能幫牠們找到最喜愛的人來叮。研究員認為蚊子特別喜歡以下類型的人：

- ★ O型血
- ★ 由皮膚釋放出許多二氧化碳，例如因為懷孕或劇烈運動之後
- ★ 喝了啤酒

要預防蚊子叮咬，可穿些淺色、寬鬆的長袖衣物和長褲，使用「蚊怕水」和「驅蚊貼」等驅蚊產品。有些人特別幸運，他們的皮膚不會釋放他們血型的氣味，所以他們也比較少被叮。

如果被蚊子叮了，請記着一件事：不要抓那個叮過的地方！這樣只會分散蚊子遺下的唾液，使叮過的地方變得更大、更痕癢。

結論：＿＿＿＿＿＿＿＿＿＿

真有其事

不敢相信！

原因不明的
外國口音綜合症

- 這是不尋常和罕見的情況，通常某人的大腦經歷一些創傷之後才出現的，具體原因現時還不知道。

  有外國口音綜合症的人，用自己的母語說話時，會帶有外國人的口音。他們通常會帶有挪威、瑞典或德國等地語言的口音，但也有病人帶有其他語言的口音。目前還沒有辦法治好這種綜合症。

躲在被子裏看書會損害眼睛？

很多喜歡閱讀的朋友都遇過這種情況。關了燈，躲在被子下，一隻手拿着手電筒，一隻手拿着書在看。忽然，有人掀起被子，一位完全不明白那本書有多好看的大人生氣地說：

「我已經告訴過你，這樣讀書會傷害到眼睛。不要在被子裏看書！」

他們說得對嗎？

 ★事實上……

大人以為在昏暗的燈光下閱讀會傷害眼睛。科學家的實驗證明不是這樣的。在昏暗燈光下閱讀的確會令眼睛疲勞，但不會損害眼睛。眼睛會自行調節，適應昏暗的環境。可是這樣做會導致眼睛痕癢、視力模糊和頭痛。所以，還是拿走手電筒，好好睡覺吧！

結論： 純屬傳聞

驚人事實大揭秘！

略略略

你可以製造多少鼻涕？

每個人的鼻子每天平均製造約200毫升的鼻涕。你會在不知不覺間處理掉那些鼻涕——吞了它！

當你患上傷風，你的鼻子就會加速，製造出比平時多4倍的鼻涕。身體製造鼻涕的速度，可以說是跟你抹鼻涕的速度一樣快。

總的來說，你的身體每天會製造大約1升的黏液。呃……

濕着頭髮外出會令你患上傷風？

「戴上帽子吧。如果濕着頭髮出門或者從游泳池回來，你會患上傷風的。」

誰沒聽過這種說法？（通常還會有大人立刻將祖母織的老土冷帽戴到你頭上。）那麼，這些要求你戴帽的大人說得對嗎？濕着頭髮外出，會令你最終要躺在牀上抽鼻子嗎？

★ 事實上……

傷風通常由病毒引致，而不是由濕髮引起。

四周的環境充滿了病毒，而且很容易人傳人。預防病毒最好的方法就是確保身體健康，可以對抗病毒。要預防疾病，應該吃健康食物，有充足的睡眠，並且適當地做些運動。

結論：  純屬傳聞

傷風時要吃東西，
但發燒時就不要吃東西？

好吧，我想多
要一件青瓜
三文治。

這是一個古舊的說法，據說以前的人會這樣照顧不同的病人。這句話的意思是，如果一個人患了傷風，但沒什麼大問題，他可以吃充足的食物。不過，要是他在發燒，有出汗、忽冷忽熱，而且眩暈無力的症狀，便不應該吃東西，據說這樣可使身體降溫。

★ 事實上……

在2002年，醫學家做了一系列的測試，似乎證實了這是個好建議：

傷風通常由病毒引致。你的身體會用一種叫「干擾素-Y」的化學物質來對抗病毒，而這種干擾素的數量會在你吃東西後增加。

另一方面，發燒可以是由細菌引起的。你的身體會用一種叫「白血球介素-4」的化學物質來對抗細菌。這種化學物質的數量，在你不吃東西的時候會增加4倍。

然而，發燒有時候也會由病毒引起——所以，並不是每次發燒都餓着自己就會好。如果有疑惑，最好還是問問醫生！

結論： 一半是 真有其事 一半是 純屬傳聞

笑聲是最好的藥？

　　這句話通常都會用來安慰傷心的人。笑聲真的可以令你感覺好一點？

★ 事實上……

　　其實，這是真的——笑聲不單令你心情舒暢，同時也有好些物理影響：

★ 笑的時候，你會呼吸得快一點，表示有更多氧氣進入血液裏。氧氣能幫助你的身體自行治療。

★ 笑的時候，你的身體釋放一種叫「安多酚」的化學物質，安多酚不單會令你心情舒暢，也會有助增強你的免疫系統。

　　在1980年代，有好幾間美國醫院設立了「笑聲治療室」。病人如果每天到笑聲治療室待上30分鐘，對他們的健康有很大的幫助！

結論： 雖然奇怪，但是……

真有其事

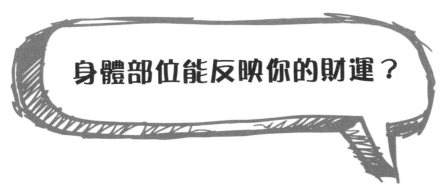

身體部位能反映你的財運？

你可能聽過這些說法：

「如果你右手手掌開始有點痕癢，代表你將會有些意外之財。」

「如果你左手手掌痕癢，代表你將會破財。」

★ 事實上……

　　這些流傳已久的話沒有講清楚，如果是習慣用左手的人，會否需要用相反方向去理解。不過這都不要緊——在你手掌痕癢、打算立刻跑去買彩票的時候，請記住這些說法全都是廢話！

結論： 純屬傳聞

頭髮能夠在一個晚上就變白？

不少傳説都指出有人遇過這樣的事：

★1 湯瑪斯・摩爾 (Sir Thomas More，1478－1535)

湯瑪斯・摩爾是英國國王亨利八世的重要顧問，他也是一名天主教徒，所以他反對亨利八世打算將英國國教由天主教改為新教。1535年，他以叛國罪被判死刑。行刑的前一晚，據説他的頭髮一夜間變白了。

當時並沒有證據證明這件事是真的，而這個故事是在他死後傳出來的。

★2 瑪麗・安東尼 (Marie Antoinette，1755－1793)

瑪麗・安東尼是法國國王路易十六的妻子，也就是法國的王后。路易十六在1792年被法國人推翻，1793年他和瑪麗・安東尼被判處死刑。有人説在行刑前一晚，瑪麗・安東尼知道了將要發生的事之後，頭髮在一夜間變白了。

這説法也沒有實質證據。不過，瑪麗大部分的頭髮在行刑的早上被剪掉了。很有可能，她的頭髮早在幾個月前開始變灰，而剪了頭髮讓人覺得灰色的髮根更明顯了。

　　亞歷山大‧詹姆士‧李特約翰是鐵達尼號的服務員，鐵達尼號是一艘豪華的郵輪，但是在1912年第一次航行時沉沒了。李特約翰在那次災難中幸運地活下來了，因為當時他負責划着一艘載滿婦孺的救生艇到岸邊。2012年發布的一批照片顯示，沉船前他的頭髮是深色的，但之後卻變成灰白色。

　　李特約翰的灰髮照比棕髮照看起來老了不少，這可能與他的經歷有關。不過，這些照片的拍攝時間相隔了至少6個月，所以這也無法證明他的頭髮一夜變白。

★ **事實上⋯⋯**

　　頭髮可以說大部分都已經死了，只有皮膚下面的小部分髮根是有生命的。如果頭髮要變灰、變白，就必須從這有生命的部分開始變灰、變白，然後慢慢長出來。所以，整個頭的頭髮變白是需要數個月的時間的。

　　有人指出有一種罕見情況——瀰漫性簇狀脫髮，會令人看起來像一夜白髮。患者的頭髮會忽然脫掉，比起白髮，它似乎對染色頭髮的影響更大，使染色頭髮更易脫落。所以，如果有人的頭髮夾雜了白髮和染色頭髮，而染色頭髮都脫掉的話，看上去就像頭髮忽然間變白了。

結論：

酒精會殺死你的腦細胞？

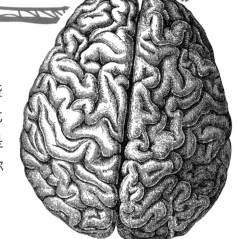

這句話通常用來恐嚇那些喝酒的人，説明喝酒帶來的危險。這句話背後的原理，就是説酒精是一種毒藥，會殺死你的腦細胞，使你變蠢。

這到底是不是真的？

★ 事實上……

酒精不會殺死腦裏面實質的細胞，但是會干擾和傷害到神經元，就是負責在大腦不同部分的細胞之間傳遞信息的組織。

如果經常喝很多酒，會永久損害神經元，結果常常忘記事情，甚至不能轉動眼睛、思緒紊亂，而且不能暢順和自由地行動。

酒精也會損害心臟、肝，還有多個重要的身體器官。

結論： 雖然酒精有很多壞處，但這個說法是……

純屬傳聞

44

身體部位能反映你的命運？

想知道你未來的命運？看看你自己（或別人）的手，或許會給你一點線索。以下有一些古老的說法：

> 「如果一個人的拇指能夠自然地向後彎，表示他總是很好運的。」

> 「尾指若有一點彎曲，代表這個人將來會很富有。」

★ 事實上……

可惜，對那些拇指能夠自然地向後彎，以及尾指彎曲的人而言，這兩個說法都是毫無根據的。

結論：  純屬傳聞

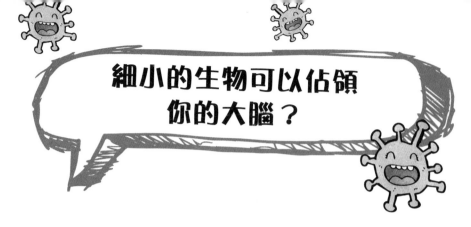

細小的生物可以佔領你的大腦？

有許多故事會提到，一些昆蟲或動物可以爬進你的身體，走上你的大腦，然後慢慢吃掉你的腦袋。

★ 事實上……

一般的生物，例如蜘蛛，從來沒有證據顯示，牠們曾經爬進人的身體內，把人的大腦當午餐吃掉。然而，有一種生物是可以這樣做的──微型的單細胞生物阿米巴。這種特定的阿米巴稱為福氏耐格里變形蟲，住在温水裏。如果這些水從你的鼻孔進到體內，阿米巴會沿着神經走進大腦。一個星期內，阿米巴便會繁殖，開始吃掉你的大腦。只要幾天時間，腦部的受損程度便足以使人死亡。

結論： ＿＿＿＿＿＿＿＿＿＿

真有其事

46

驚人事實大揭秘！

略略略

耳垢（耳屎）分兩種？

耳垢分成兩種——濕的和乾的。

耳垢是濕或乾，取決於你的原生家庭。中國、韓國和其他亞洲東北部地區的人，耳垢通常都是乾的。其他地區的人的耳垢多是濕的。

耳垢雖然好像有點嘔心，但其實是很有用的。耳垢有助保護耳道、抑制細菌。如果沒有耳垢，我們的耳朵便會很乾、非常痕癢。而且耳朵懂得「自我清潔」，耳垢會自行排出外耳道，不用我們親自動手。

人類可以忽然間自己燃燒起來？

幾個世紀以來，有不少報導指，有些人沒有接觸火源，卻會無緣無故地起火，自我燃燒起來。可是，這些不幸的人附近都沒有燃燒的痕跡，彷彿身體本身就是燃料。這稱為人體自燃現象。

直至最近，有些科學家都說——這似乎令大家都放心多了——人體自燃現象是不可能發生的。

★ 事實上……

有研究員提出了一種名為「燈芯效應」的理論。他們認為，在非常、非常罕見的情況下，人體內的化學物質的確有可能在光源作用下發生自燃，而人體的脂肪就成為了燃料，使人體像蠟燭一樣持續燃燒。

 結論：情況很罕見，但可能是……  真有其事

關於接吻的有趣事實

你有一組特別的肌肉用來接吻。這組肌肉稱為「口輪匝肌」，在嘟嘴和說話的時候會用到。以下還有一些關於接吻的事實，可能是你不知道的：

- 研究接吻的科學稱為「接吻學」。

- 大部分人——大約三分之二的人——在接吻的時候，頭會向右傾。

- 最長的接吻紀錄是58小時35分58秒——2013年一對泰國夫婦創下了這個世界紀錄，之後兩人因為太疲勞而送去醫院了。

人的顎骨比混凝土還要堅硬？

混凝土是世上數一數二的堅硬物料。在2,000年前，羅馬人最先用混凝土來建造萬神殿和羅馬競技場等建築，這些建築物至今仍然屹立着。

人的顎骨真的比混凝土還堅硬嗎？

★ 事實上……

沒錯，其實人類所有的骨頭都比混凝土還要堅硬。單是一塊6.45平方厘米（跟一塊橡皮擦差不多大）的骨頭，可以承受近9噸的重量，相當於5輛卡車的重量！這是同樣大小混凝土可承受的4倍重量。而顎骨是人體骨骼中最堅硬的一塊。

結論：

真有其事

腳的骨頭數量，佔了人體骨骼的四分之一？

我們的雙腳有很多用處，例如走路、踢球、跳舞等等。可是，雙腳跟整個人體比較起來，似乎不是很大，腳裏面真的有那麼多骨頭嗎？

★ **事實上……**

一個發育成熟的人，身體裏共有206塊骨頭。當中，每隻腳都有26塊骨頭，兩隻腳就有52塊——差不多是人體全部骨頭的四分之一。這麼多塊骨頭能夠讓我們的身體持續作出微小的調節並得到平衡，然後可以站起來。

嬰兒出生的時候有更多骨頭——約300塊。（隨着他們成長，有些骨頭會連接在一起，最後剩下206塊。）所以對嬰兒和幼童而言，他們腳部的骨頭數量大約是人體全部骨頭的五分之一。

結論： 真有其事

51

牙齒斷裂後不能自我修復？

　　如果你的健康狀況良好，身體某些部分會在受傷後嘗試自行修復。例如骨斷了可以修補、皮膚上的傷口也會自行癒合──甚至連你的心臟和肝都可以修復損壞。

　　可是，牙齒斷裂後，卻不能自我修復？

★ 事實上……

　　要是你的牙齒曾經撞斷、甚至撞脫了，你便知道這個說法是正確的。

　　在我們的乳齒脫落並換成恆齒之後，如果牙齒有什麼損傷，那個損壞的地方便會一直維持（或者直至你找牙醫修補，這樣不算）。

　　這是因為牙齒外層是由琺瑯質組成的，而琺瑯質並不是活的組織。一旦琺瑯質受到損害，就無法復原。

　　如果你現時還不到6歲，不小心把乳齒撞斷了，也不用太擔心的。等到換牙階段，那顆斷了的乳齒換成恆齒，你的牙齒就變回完整的樣子了！

真有其事

結論：＿＿＿＿＿＿＿＿＿

驚人事實大揭秘！

略略略

不可單看表面的暗瘡和紅斑

暗瘡裏的黑頭有已死的血球、體液、腐肉、細菌和其他垃圾。

紅斑是一種皮膚出現化膿及壞死的炎症，像是皮膚深處的大暗瘡。從表面上看，皮膚有一處腫起來了，其實這個部分包括了多個毛囊，所以會有許多小孔。患者會覺得有紅斑的位置很痛，有時更會發燒、打寒顫等。

很久以前，水手特別容易有紅斑，船上的外科醫生需要為他們做手術切除紅斑。不過，現時通常可以用藥物來處理。

你可以在清醒狀態下接受腦部手術？

你看過以間諜為主題的電影或電視節目嗎？如果有，你可能見過有些小型手術——特別是從某人腳上取出子彈那種——可以在病人清醒的情況下進行。

只要病人不亂動，這種情況是可行的，雖然這樣會很痛。（某些電影裏，患者在完成手術10分鐘後，便可以一拐一拐地走路，但這在現實生活中是不可能的。）

不過，說到要在頭上開洞、打開頭蓋接受腦部手術——應該不可以在病人清醒的狀態下進行吧？

★ 事實上……

大腦並沒有感受痛覺的神經。打開了顱骨之後，醫生可以一邊做手術，一邊與病人聊天。這種做法應用在某些因腦部問題而影響行動的病人身上。手術期間，醫生會觸碰大腦的某個部分，再看看這如何影響病人的行動或說話能力。

結論：＿＿＿＿＿＿＿＿＿

真有其事

吃雪糕會引致頭痛？

　　很多人都談到吃過雪糕後會頭痛。不單是吃雪糕的人，還有些衝浪的人、滑雪的人，以及那些熱愛凍飲的人，都說自己很容易頭痛。可是，吃雪糕怎樣導致頭痛的呢？

　　再者，既然大腦感受不到痛楚（見左頁），為什麼我們會頭痛？

★ 事實上……

　　頭痛並不是大腦感到疼痛，雖然這好像是在腦裏面發出來的。頭痛其實是腦部附近的地方痛，而成因多數是太多或太少血流到這些地方。

　　至於吃雪糕導致頭痛，是因為身體一時間被欺騙了，以為忽然變得很冷。這種情況發生在吃雪糕後、喝冷飲後、一頭栽進冷水裏，或忽然吹過一股冰冷的空氣。這時血管急速地收縮和擴張，產生疼痛感覺，然後神經把痛感告訴大腦，接着你便會頭痛。

結論：_____　真有其事

別人說謊的時候，能看得出來？

　　想像一下，原本你知道餅乾罐裏面是有3塊巧克力餅乾的。可是，你打開餅乾罐之後，發現全部餅乾都不見了！

　　最大的嫌疑人就是你的小弟弟。可是，在你問他的時候，怎知道他有沒有說真話呢？

★ 事實上……

　　人們說謊的時候，身體會有些自然反應的小動作，而且很難停下來的。你可以留意這些線索：

★ 摸臉的次數比平時更多，特別是摸鼻子。一個人在說謊的時候精神緊張，鼻子會有點腫脹，使它發癢。

★ 不看你的眼睛，不想跟你有眼神接觸，或者擦自己的眼睛（這樣看上去好像可以自然地迴避眼神接觸）。

★ 回答時重複你的問題，例如：「是你吃掉了最後一塊巧克力餅乾嗎？」「我沒有吃掉最後一塊巧克力餅乾。」

★ 轉動雙腳，將下半身漸漸跟你拉開距離，使他們整個人側着身子，或者手掌和手臂不再做太多的姿勢。

結論：_____

真有其事

略略略

驚人事實大揭秘!

你可以放多少屁?

人們平均每天放屁14次,釋放出大約半升的氣體。

屁是由多種氣體組成的,包括氮氣、氧氣、甲烷和氫氣等。當中還有少量的硫化氫,就是難聞氣味的主要來源。

有些食物會製造出比較多的硫化氫,包括雞蛋、椰菜花和肉類。豆類雖然會製造出許多氣體,但當中的硫化氫不是很多。

你可以從別人耳朵的形狀看出他的性格？

下次你看見別人的頭髮長得蓋住耳朵，你可以想想為什麼——因為現時比較流行長髮？還是因為他們有事情要隱瞞？

觀察別人耳朵的形狀，你可以知道一些事情：

1 耳朵較小的人如果發現你望着他，他很可能會跑掉，甚至哭起來——他們的性格大多較柔弱。

2 那些總是找你陪他去吃東西、參加派對、喝東西或聊天的人，耳朵通常都較厚、較多肉。有這種耳朵的人通常都很喜歡享受美好的時間。

3 別讓那些耳朵較薄而且有尖角的人知道你在望着他。他很大機會變得脾氣很差。

4 耳朵較長或是有點突出來（俗稱「兜風耳」）的話，代表那個人有音樂天賦或喜歡音樂。

5 看看班上那些最聰明的同學。他們都有比較大的耳珠嗎？據說耳珠大代表聰明。

★ 事實上……

我們大都知道不應該以貌取人。就像一個人的眉毛從兩邊向中間伸延到眉心，這不代表他愚蠢或頑固。對耳朵的看法也是一樣的。

不過，事實上這些說法或許有丁點兒的根據。當我們開心、不開心、疲倦，或是想引起自己仰慕已久的對象注意時，我們的面部表情會有細微的變化，臉上某些地方會發脹或收縮，當中以耳朵的變化最明顯，例如變紅、發熱等等。

雖然耳朵的形狀不能告訴你一個人的性格，但是耳朵卻會悄悄地讓你知道某個人的感受。

結論：雖然有丁點兒真實，但實際上是

習慣用右手的人，比習慣用左手的人更長壽？

　　習慣用左手的人，通常會比習慣用右手的人早死。實際上，如果你習慣用左手，你可能會短好幾年的命。

　　原因是很多我們在使用的危險機械，例如電鑽、電鋸，以及其他可能危害生命的東西，都是為習慣用右手的人而設計的。也正因此，這對女性的影響——她們比較少用這些機械——反而沒有男性那麼大。

★ 事實上……

　　這全部都是真的。有些研究指出，習慣用左手的人，比習慣用右手的人平均壽命短9個月至10年。

真有其事

結論：令人驚訝，但是 ＿＿＿＿＿

驚人事實大揭秘！

略略略

你可以製造多少唾液？

你的嘴巴每天會製造1至1.5升的唾液！

還有，一生之中，你製造的唾液足以填滿1至2個游泳池！

幸好，大部分的游泳池已經有很多水在裏面了，不需要用你的唾液來「加水」了。

騎單車的男人不能生小孩？

這個說法有時會出現在報紙或網頁上，用來證明騎單車是不好的。其他壞處包括：騎單車容易受傷、騎單車的人走到馬路上會阻礙車輛行駛，以及騎單車的人總是衝紅燈。

這種說法的理據，是說男人長期坐在單車座椅上，他們的身體會減少甚至停止製造精子。沒有精子，他們當然沒辦法讓女人懷孕，也因此無法生孩子了。

★ **事實上……**

這說法來自1990年代一項對世界級三項鐵人賽參賽選手（不是單車選手）的研究。自此之後，沒有更多的證據指出這說法是真的。

事實上，騎單車的男人似乎有更大機會生小孩，因為身體變得健康，會較容易有小孩。

結論：

純屬傳聞

新鮮的尿液比唾液還乾淨？

健康的尿液會經過腎臟過濾才排出去，所以它排出體外的時候是無菌的。然而，它一接觸到空氣，細菌便會開始聚集，它就不再是乾淨的了。不過新鮮的尿液其實是很乾淨的。

另一方面，唾液裏面有很多噁心的東西。唾液裏主要是水分，同時有些物質幫助對抗細菌、防止口腔裏的酸性過高，以及幫助消化得更順暢。唾液裏也有來自牙齒及口腔的細菌。

★ 事實上……

如果只從含菌量來看，唾液裏有細菌，而新鮮尿液沒有。所以，新鮮尿液是比較乾淨的。

結論： （大致上）

真有其事

你無法睜着眼睛打噴嚏？

還有一種說法是：千萬不要在打噴嚏時睜着眼睛，否則你的眼睛會跌出來！

那是不可能的：你的眼睛很安全地連繫着頭部，這裏有肌肉（控制眼球活動）、血管和神經線連繫着它們。所以，睜着眼睛打噴嚏是相當安全的──不過你要是想睜着眼睛打噴嚏，真的做得到嗎？

★ 事實上……

回答這個問題前，要搞清楚打噴嚏時會發生什麼事。

當有外物例如塵或花粉進入鼻孔，我們便會打噴嚏。這時身體會自動運作，排出大量空氣來趕走那些外來物。排出空氣的方法，就是收縮肌肉。當這些肌肉收縮的時候，你眼睛附近的肌肉也會一起收縮。這沒有什麼明確的原因──它們就是會一起收縮。

不過，彷彿是為了證明打噴嚏不一定要閉着眼睛一樣，有些人能夠睜着眼睛打噴嚏。

結論：  純屬傳聞

64

不敢相信!

這裏還有3個關於<u>打噴嚏</u>的奇怪傳聞:

- 古時候,人們認為人的靈魂是由空氣做成的。他們擔心打噴嚏時太用力,而且經常打噴嚏,你的靈魂可能會被吹走!

- 英國人在別人打噴嚏時說「神祝福你」或「祝福你」,這個做法起源自中世紀。那時候的人認為,打噴嚏可能是一種可致命疾病的徵兆!

  粵語地區的人會說「大吉利是」,因為以前的人認為這是不吉利的。

- 現時,有些人相信打噴嚏的時候心臟會停頓。別擔心,不會的!

拔走一條白髮，會長出兩條白髮？

　　小朋友應該沒有這個煩惱，他們還有很久才會長出白髮。大部分人在四十至五十多歲，甚至更老的時候才開始長白髮。

　　有些人很擔心自己有白髮，所以很想把它拔掉。正是這個「拔走一條白髮，會長出兩條白髮」的說法，才能阻止他們拔頭髮。

★ 事實上⋯⋯

　　頭髮是由毛囊（頭皮上的小洞）裏長出來的。每個毛囊只能長出一條頭髮。如果你拔掉一條頭髮，那個毛囊裏也只能長出一條頭髮來取代它。

　　這個說法的出現，或許是因為新的白髮長了出來，代替原本的白髮，除此之外，其他毛囊裏的頭髮也正在生長，而且開始變白。

結論：  純屬傳聞

不敢相信！

這裏有些關於<u>金髮</u>的有趣事實：

● 金髮的人擁有的頭髮數量比其他人多。他們通常有140,000個毛囊，其他顏色頭髮的人平均只有100,000個。

● 世界上只有1%至6%的人是天生金髮的，但是有一種比金髮更罕有的髮色，那就是紅色。

● 古羅馬時候的女人，會用白鴿糞便來將頭髮染成金色。歷史上還有些特別的染髮材料，包括黑核桃殼、薑黃香料和韭菜。

戴帽子會令男人禿頭？

還有一種說法是，在室內戴帽子的男人會禿頭。這說法來自某個大部分男人都戴帽子的時期。當時，人們認為男人在室內戴帽子是很不禮貌的。不過，

禿頭的成因是戴帽子，還是作為失禮的懲罰，實在是不得而知。

不管什麼原因，現在是時候讓男人放棄戴帽子了嗎？（尤其是那些不想禿頭的人。）

★ **事實上……**

唯一能令頭髮停止生長的就是毛囊受損。男人開始禿頭，通常都是因為他們身體開始釋出一種會慢慢損害毛囊的化學物質。這視乎父母遺傳給你的基因，與戴不戴帽完全沒有關係。

 結論：

刺穿水泡，會好得更快？

有一天，你穿着新鞋到公園玩或去逛商場，回到家後，脫下襪子，這時竟然發現，你的腳趾或腳跟上有一顆大水泡！你可能會戳它一下，又擠一下，然後想起好像聽人說過，如果刺穿了水泡，會好得更快。

聽起來好像不錯——可是，刺穿水泡真的有幫助嗎？

★ 事實上……

水泡上的皮膚其實像一層天然的保護膜，防止皮下的肉受到感染。底下的新皮長出來之後，水泡上面的舊皮便會自然脫落。無論有沒有刺穿水泡，新皮的生長速度也是一樣的。刺穿皮膚反而可能導致感染呢！

結論：  純屬傳聞

不敢相信!

這裏有些關於<u>同卵雙胞胎</u>的奇妙事實:

- 世界上每一個人都有屬於自己的獨特氣味——除了同卵雙胞胎。

- 雙胞胎在出生前已經一起玩耍。

- 最巨型的雙胞胎出生時共重12.6公斤。他們是1924年在美國阿肯色州出生的。

- 同卵雙胞胎有幾乎完全相同的DNA,不過,他們的指紋是不同的。

鼻鼾聲可以像鑽地那樣吵？

如果你試過露營時睡在打鼻鼾的人旁邊，你會知道有些人的鼻鼾聲真的很大聲。無論你轉過身來，用枕頭包着自己的頭，用手指塞住耳朵，也無法阻隔鼻鼾聲。

雖然如此，鼻鼾聲真的可以像鑽地那樣吵嗎？

★ 事實上……

根據正式紀錄，一名英國婦人最吵的鼻鼾聲錄得高達111.6分貝。你可能對這個數字沒什麼感覺，其實這比鑽地的聲音高10%，也比路過的大型貨車、行駛中的火車，甚至低飛的噴射飛機還要大聲！

結論：

真有其事

72

吃鼻垢（鼻屎）對身體不好？

我們身邊可能有些人喜歡吃鼻垢。在他們認為沒有人注意到自己的時候，便會用手指挖鼻孔。如果找到點可口的，便會放進口中、咬兩口，然後吞掉！

聽起來有點噁心——但吃鼻垢真的有害嗎？

★ 事實上……

一名奧地利醫生因為支持「孩子吃鼻垢是有益的」的說法而聞名。然而，某些醫學界的人卻不太同意他的說法。鼻垢裏包含了那些被鼻毛攔截並阻止它們進入你體內的東西。可是，吃鼻垢的話，最後還是讓那些東西進入了你的身體！

還有，用手指挖鼻孔會把細菌帶進鼻腔，還可能引發一種致命情況：海綿竇血栓症。

結論：可惜（如果你愛吃鼻垢），這是

真有其事

身體有些部分是沒有用的？

　　我們不時會聽見別人說，身體有些部分是沒有用的，所以我們沒有了那個部分也不要緊。最常聽見的例子是盲腸，還有很多其他部分。

　　不過，這些身體部分有多「無用」？

⭐1 盲腸

　　盲腸像是一個附在腸道的小袋子。在美國，大約20人之中就有1人要割除盲腸，而這似乎對他們沒什麼影響。不過，有一項研究指出，盲腸內有些細菌能幫助身體對抗疾病。

結論：不一定完全沒用

⭐2 尾椎骨

　　尾椎骨又叫尾骨，是脊椎最尾的位置。我們的祖先在很久很久以前曾經用尾巴來幫助平衡，尾椎骨就是這尾巴的剩餘部分。如今我們只用雙腳走路，不再需要尾巴了。

結論：確實不需要

⭐3 男人的乳頭

為什麼男人需要乳頭？最簡單的答案，就是他們並不需要。男人有乳頭，是因為所有胚胎起初都會經歷一樣的成長過程，後來才會分為男或女。在胚胎分性別之前，乳頭已經形成了，所以人人都有乳頭。

結論：一點用處也沒有

⭐4 智慧齒

以前人類的顎骨比今天的要大得多，因此需要較多的牙齒才能填滿它！不過，如今我們的顎骨已經變小了，但牙齒的數量仍然不變。一般成年人會有4顆智慧齒，分別在上下顎的末端，在大約17至25歲的時候才長出來。有些人的智慧齒可以正常地長出來，但有些人的顎骨較小，不夠空間讓智慧齒長出來，可能需要拔牙。現時，智慧齒唯一的用處，可能就是讓牙醫拔掉它，好讓我們的口腔沒那麼擁擠。

結論：好處是讓牙醫有事可做，除此之外是毫無用處的

⭐5 體毛

史前時期，人類需要體毛來保暖，因此我們全身都有體毛覆蓋。不過，現時我們已發明了衣服和中央暖氣，所以體毛也沒什麼真正的作用了。

結論：不再需要，或許極地探險者除外

整體結論： 大部分

真有其事

聰明人的腦袋比較大？

在電影和動畫裏面，常常見到聰明人的頭部通常比較大，前額也有點鼓起。這是因為他們的大腦長得較大，所以顱骨也要相應地大一點嗎？

★ 事實上……

那些頭部看起來很大的人，很多時都只是髮線向後移。頭髮脫落，露出更多的頭皮，看起來就好像頭部比較大——但其實不是這樣的。

事實上，大腦的大小跟聰明與否幾乎一點關係都沒有。譬如，沒有人會説愛因斯坦不聰明，但他大腦的大小完全是正常範圍之內的。大部分超級聰明人的大腦，在量度之後，答案都是一樣的。

結論：純屬傳聞

在你非常害怕的時候，頸後面的毛髮都會豎起來？

有沒有想像過，有鬼怪躲在你背後想嚇你？你走過黑漆漆的森林時，灌林叢裏竟傳來了奇怪的聲音？假如你要回學校重新上一整年的數學課？

「我非常害怕，害怕得頸後面的毛髮都豎起來了。」很多人都會這樣描述他們的恐怖或驚嚇遭遇。

不過，我們頸後面的毛髮真的會豎起來嗎？

 **事實上……**

不單是頸後面的毛髮，在你受到威脅或驚嚇時，全身的毛髮都會豎起來。

這是史前時期遺留下來的。人類當時居住在野外，四周都是獵食者。一旦遇上危險，他們的毛髮會自動豎起，讓人看起來體積大一點，更具威脅。

 結論：

真有其事

你的皮膚一直在脫落？

多恐怖的事情！

試想想，如果我們沒有皮膚會變成怎麼樣。原本都是由皮膚包裹着的內臟，可能會慢慢掉出來？沒有皮膚的話，你可能像沒有皮的肉丸或香腸。也可以說，你可能是一塊沒有特別形狀的肉。

★ 事實上……

好吧，雖然你的皮膚不是完整地持續脫落，但是有很多皮屑會不停地掉落。其實，這裏說的也就是數以百萬計的細胞。人類每小時都有約150萬個表皮細胞掉落。

如果你換了新的沐浴海綿或毛巾，上面很快便充滿了這些細胞。不單是表皮細胞，還有一種經常在皮膚上找到的細菌，叫做金黃葡萄球菌。如果這種金黃葡萄球菌進入了身體不應該有它的地方，會令人非常不舒服。所以，定期清洗浴綿和毛巾是非常重要的。

結論：

78

略略略

細菌愛汗水？

多汗的人皮膚上有種「臭彈」細菌，所以會有難聞的氣味。

有一種細菌很喜歡吃汗水。過程中，這些細菌會釋出一種酸臭味。如果不洗掉它，這氣味會留在你的皮膚或衣服上。很快，你便會發現其他人開始跟你保持距離，藉以遠離那種氣味。

這種愛吃汗水的細菌，特別喜歡腋下、腳部和內衣褲的汗水。因此，要特別注意這些位置的清潔。

不敢相信！

這裏有些關於<u>細胞</u>的驚人事實：

● 原來，我們只有10%是人類！在組成「你」的細胞裏面，任何時候都只有10%的細胞是真正屬於人類的。

其餘的細胞，是由90萬億個活在我們身上或體內的細菌組成的。這些細菌從裏到外、由頭到腳地包圍着我們的身體。

在人類的皮膚上，每6.45平方厘米可以找到2,000萬至5億個微生物。

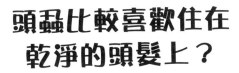

頭蝨比較喜歡住在乾淨的頭髮上？

相信人人都不喜歡頭蝨住在自己的頭上。牠們會使頭皮痕癢，會抓你的頭皮，如果不小心，牠們還會鼓勵自己的孩子搬到隔壁的頭上，例如你的兄弟姊妹或父母的頭。

大部分醫生都會告訴你，保持乾淨就能保持健康。若能保持頭髮乾淨，應該不會有頭蝨，這聽起來頗合理。可是，有傳聞指，頭髮越乾淨，頭蝨越喜歡它。

★ **事實上……**

頭蝨是因為想喝你的血，才會走到你的頭上來。要是牠們舒服地在某人的頭髮裏安頓下來，便會將嘴巴伸入你的皮膚，開始吃一頓（對蝨子而言）美味而溫暖的晚餐。

其實，蝨子並不太關心你的頭髮乾淨與否，牠只是想吸你的血！

結論： 純屬傳聞

含糖分的飲料會令人過度活躍？

誰聽過大人説以下的話？

「不行，你不能再喝汽水了。它會使你變得亢奮。」

如果你能告訴他們那是錯誤的，那該多好啊？

★ 事實上……

在2008年，《英國醫學期刊》刊登了一篇報告，講述兒童攝取過多糖分的影響。當中包括汽水、糖果和其他含糖分的食物。報告指出，孩子的行為並不受糖分影響。

真正受影響的，是父母怎樣看待孩子的行為。那些原本只是孩子做自己本分的行為，都被父母看成是受了含糖飲料的影響。

這個説法一直流傳着，因為人們認為孩子在很興奮的時候，通常就是喝汽水、吃糖果的時候，例如聖誕節。

結論： 完全  純屬傳聞

略略略

驚人事實
大揭秘！

口氣怎麼會變臭？

難聞的口氣是由口腔裏的細菌引起的。

　　我們大部分人都認識一兩個有口氣的人，或者說他們有口臭。那些人經常在談話時堅持要靠近你，把呼出來的氣噴到你的臉上。真嘔心！還有更糟的情況嗎？

　　嗯……試試這樣理解吧。我們的口腔裏有很多細菌，它們會吃掉一些很微小的食物殘渣。過程中，它們會釋出一種有臭味的氣體，就是這種氣體使人的口氣變臭了。

你的熱力足以用來燒水？

你的身體是一部很大型的能量製造機器。身體一直都需要能量，用以保持大腦運作、心臟跳動、肌肉活動、腸胃消化和肺部呼吸。如果你的身體不是一部大型的能量製造機器，你很快便會死。

雖然如此，你的身體真的可以製造足夠的能量來燒水嗎？

★ 事實上……

如果你聽完這句話就想把電熱水壺連接你的身體，那是不行的，因為你的身體並沒有位置可以插電器插頭。但在理論層面來說，這是可行的。人體平均30分鐘製造的熱能，足夠煮沸1升的水。

結論：

真有其事

略略略

驚人事實大揭秘!

糞便裏有什麼?

　　正常的糞便是棕色的,這裏的棕色來自膽紅素。當身體分解一些殘舊的紅血球時,便會產生膽紅素。

　　糞便裏有四分之三是水分,其餘由以下各佔三分之一的成分組成:

☆　原本住在身體裏的已死細菌

☆　食物裏的纖維

☆　活的細菌、已死的細胞,以及令體內保持暢通潤滑的黏液

刷牙會令牙齒更強壯？

有些大人會跟小朋友說這樣的話：
「早晚刷牙，會令牙齒更強壯。」

這就像說梳頭會令頭髮更光亮一樣。因為梳頭的時候，會將頭皮上的油脂帶到所有的頭髮上。當然，梳頭使頭髮變得油亮，有時可能不是好主意……

不管怎樣，上面有關頭髮的說法是真的。那麼，關於牙齒的說法也是真的嗎？

★ 事實上……

保持牙齒乾淨，能防止它變成蛀牙，但是不能令牙齒更強壯。事實上，如果刷牙刷得太多，會令牙齒堅硬的外層磨損，反而變得更容易有蛀牙。

最壞的情況是飲完果汁後立刻刷牙。原來果汁裏的酸性會使牙齒外層變軟，這時候刷牙，會使它更容易磨損。

結論：純屬傳聞

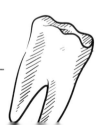

不敢相信！

這裏還有幾個關於<u>牙齒</u>的傳聞：

● 初期的蛀牙憑肉眼看不到有小洞，蛀洞漸漸變大時，樣子有點像木蛀蟲的痕跡。所以，數百年前，人們以為牙齒上的小洞，跟木頭上小洞的成因一樣。幸好世上沒有「牙蟲」這回事。

● 有人說，白色的牙齒比黃色的牙齒更強壯。然而，乾淨的黃色牙齒跟白色的牙齒一樣強壯。事實上，經過人工漂白的牙齒，有時會變得脆弱了，因此黃色牙齒可能比白色牙齒更強壯。

● 網上有許多人說他們剝牙之後，視力變好或變差了。事實上，影響視力的神經和肌肉是分開的，剝牙不會影響視力。可是，如果拔牙的傷口感染了細菌，細菌可能跟隨血液流到身體其他部分，引起併發症。

人真的會被嚇死？

你聽過多少次別人說「嚇死我了」這樣的話？很明顯，他們沒有嚇死——如果他們因受驚嚇而死了，還能跟你說他們有多害怕嗎？

坦白說，我真的要嚇死了！

那為什麼你還在說話？

這只是一種說法——還是我們真的可能會被嚇死？以下有幾個被嚇死的例子：

1 老婦與大盜

在2009年，一名79歲的老婦在家裏的時候，有一個銀行大盜突然闖進來了，當時他正在逃避警察的追捕。不幸的是，老婦實在太害怕，以致心臟停頓，然後死了。

2 地震受害者

在1994年，美國加州洛杉磯的北嶺發生地震。大約有20人雖然沒有在地震中受傷，卻因為心臟停止跳動而死。似乎他們是被嚇死的。

3 迷信致死

迷信的人會相信一些證實不到，而科學上也認為很可能不是真實的事情。例如，中國人認為「四」字是不吉利的。每個月四號的死亡人數，比其他日子都要多。患病的人特別害怕自己在四號這個不吉利的日子離世。其實，殺死他們的是他們內心的恐懼，而不是因為那天是四號。

世上還有一些人害怕魔術或巫術。要是有人說在他們身上下了咒，或者說他們中了詛咒，他們會非常害怕。甚至，有些人會死去——雖然那些咒語沒有真正的影響力。

★ 事實上⋯⋯

科學家發現，人是有可能被嚇死的。當我們很害怕的時候，身體會分泌腎上腺素。腎上腺素增加時，我們的吸呼、心跳和血液流動都會加快，使肌肉能更好地活動。可是，有些人的身體分泌太多腎上腺素，導致心臟機能失常，最終死亡。

結論：＿＿＿＿＿＿＿＿＿＿

真有其事

不敢相信！

關於吸煙的可怕事實

- 每吸1枝煙，會使你的壽命縮短11分鐘。這就是說，吸一包20枝的煙，會使你的壽命縮短3小時40分鐘。如果吸了200枝煙，你的壽命便縮短1.5天！

- 吸煙的人比不吸煙的人平均壽命短10年。

- 長期接觸二手煙的人，比吸煙的人更容易患上與吸煙有關的疾病。

  「二手煙」包括捲煙、雪茄等在燃燒時產生的煙霧，以及吸煙的人在吸煙時呼出的煙霧。「三手煙」是指吸煙後殘留在頭髮、皮膚、衣物、家居物品、牆壁等地方的煙草殘餘化學物，而這些物質可殘留長達數個月。所以，即使是不吸煙的人，也有機會接觸到二手煙和三手煙。

你的耳朵不會停止生長？

如果你去探訪老人院，或跟祖父母和他們的朋友一起聊天，你會留意到一件有趣的事。這些長者通常都有大耳朵！

這是因為他們小時候吃了某種東西嗎？還是有其他原因？

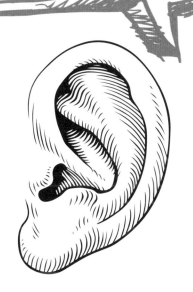

★ 事實上……

由40歲開始，你便開始縮小。這是因為你的關節在地心吸力的影響下開始勞損。然而，你的耳朵卻一直在生長。在10歲前，你的耳朵生長得比較快。10歲之後，耳朵的變化不明顯，但是它仍以每年大約0.22毫米的速度在生長。

有一個好消息（如果你是女性），就是男性的耳朵比女性的耳朵長得快。

真有其事

結論：＿＿＿＿＿＿＿＿＿＿

巧克力會使你長暗瘡？

暗瘡——有誰想要呢？它們有什麼用？為什麼總是在重要的活動前，額頭中間就會長出暗瘡？

許多人認為某些食物會引致長暗瘡。「頭號嫌疑犯」就是巧克力。在你決定（在學校比賽前幾天）禁食巧克力之前，你知道暗瘡與巧克力有什麼關係嗎？

★ 事實上……

有研究指，不吃巧克力而長暗瘡的人，與非常愛吃巧克力而長暗瘡的人比較，暗瘡的數目是一樣的。也就是說，無論你吃多少巧克力，你還是會有相同數量的暗瘡。

結論：

不敢相信！

這裏還有一些關於暗瘡 的常見傳聞：

- 有人說，不清洗皮膚會導致長暗瘡。其實暗瘡 的形成大都是因為皮下組織的問題，而不是皮 膚表面，例如皮脂分泌過多，所以不洗臉也不 一定導致長暗瘡。只是皮膚表面不乾淨，會增 加長暗瘡的機會。

- 觸碰別人的暗瘡雖然不太好，但你也不會因此 受到傳染而長出暗瘡。

- 有人認為曬太陽或太陽燈可以減少暗瘡。這傳聞 流傳開去，或許是因為曬得一身古銅膚色的話， 可使紅腫的暗瘡看起來沒那麼明顯。然而，要是 曬得太多，可能引致皮膚癌——這比起幾天內會 消失的暗瘡，問題嚴重得多。

略略略

你的腳流汗最多？

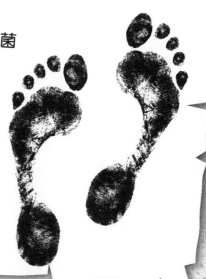

你腳部的汗腺比身體其他地方還要多，甚至比腋下更多。

腳上的汗對細菌而言特別美味，因此有很多細菌喜歡在腳上大快朵頤。接着，這些細菌會釋出難聞的酸味，因此令你的運動鞋發出臭味！

每晚最少需要8小時的睡眠？

「是時候睡覺了——你最少需要睡8小時。」

你是否經常聽見這樣的說法？特別是在電視上即將播放你最喜愛的節目，或者是大人們即將開始派對，又或者是在球賽正要加時的時候……

這個「要睡8小時」的說法，好像是大人刻意想出來的，目的是縮短孩子們的娛樂時間。

★事實上……

一般而言，成年人每24小時便需要睡7至9小時，14至17歲的人要睡8至10小時，6至13歲的人要睡9至11小時。如果你在日間感到疲倦，很可能是你在晚上睡得不夠或者睡得不好。

然而，好像有些人不用睡那麼多。英國前首相戴卓爾夫人，每天晚上只需要睡4至5小時。

結論： 抱歉，但這基本上是

真假大對決

聰明人的腦袋比較大？
——拆解人體之謎！

作　　者：保羅・梅森（Paul Mason）
繪　　圖：艾倫・歐文（Alan Irvine）
翻　　譯：張碧嘉
責任編輯：陳友娣
美術設計：蔡學彰
出　　版：新雅文化事業有限公司
　　　　　香港英皇道499號北角工業大廈18樓
　　　　　電話：（852）2138 7998　　傳真：（852）2597 4003
　　　　　網址：http://www.sunya.com.hk
　　　　　電郵：marketing@sunya.com.hk
發　　行：香港聯合書刊物流有限公司
　　　　　香港新界大埔汀麗路36號中華商務印刷大廈3字樓
　　　　　電話：（852）2150 2100　　傳真：（852）2407 3062
　　　　　電郵：info@suplogistics.com.hk
印　　刷：中華商務彩色印刷有限公司
　　　　　香港新界大埔汀麗路36號
版　　次：二〇一九年十一月初版

版權所有・不准翻印

Original title: TRUTH OR BUSTED——The fact or fiction behind HUMAN BODIES
First published in the English language in 2013 by Wayland
Copyright © Wayland 2013
Wayland
338 Euston Road, London NW1 3BH
Wayland Australia
Level 17/207 Kent Street Sydney, NSW 2000
All rights reserved
Editor: Debbie Foy
Design: Rocket Design (East Anglia) Ltd
Text: Paul Mason
Illustration: Alan Irvine
All illustrations by Shutterstock, except 10, 11, 32, 38, 40, 53, 64, 68, 76
Wayland is a division of Hachette Children's Books, an Hachette UK Company
www.hachette.co.uk

ISBN: 978-962-08-7387-4
Traditional Chinese Edition © 2019 Sun Ya Publications (HK) Ltd.
18/F, North Point Industrial Building, 499 King's Road, Hong Kong
Published and printed in Hong Kong